國家圖書館出版品預行編目資料

7-Eleven創辦家族 / 唐念祖著;莊河源繪. －－初版一刷. －－臺北市: 三民, 2016
面；　公分－－(兒童文學叢書/創意MAKER)

ISBN 978-957-14-6150-2 (精裝)

1. 便利商店 2. 企業管理 3. 通俗作品

498.93　　105007054

© 7-Eleven創辦家族

著作人　唐念祖
繪　者　莊河源
主　編　張燕風
責任編輯　蔡宜珍
美術設計　陳智嫣

發行人　劉振強
著作財產權人　三民書局股份有限公司
發行所　三民書局股份有限公司
地址　臺北市復興北路386號
電話　(02)25006600
郵撥帳號　0009998-5
門市部　(復北店) 臺北市復興北路386號
(重南店) 臺北市重慶南路一段61號

出版日期　初版一刷　2016年5月
編　號　S 857961
行政院新聞局登記證局版臺業字第〇二〇〇號

ISBN 978-957-14-6150-2 (精裝)

http://www.sanmin.com.tw 三民網路書店

創意MAKER

7-Eleven 創辦家族 THOMPSON FAMILY

連鎖企業的先鋒

唐念祖／著　莊河源／繪

三民書局

主編的話

抬頭見雲

隨著「近代領航人物」系列廣獲好評，並獲得出版獎項的肯定，三民書局的出版團隊也更有信心繼續推出更多優良兒童讀物。

只是接下來該選什麼作為新系列的主題呢？我和編輯們一起熱議。大家思考間，偶然抬起頭，見到窗外正飄過朵朵白雲。

有人興奮的說：「快看！大畫家畢卡索一手拿調色盤，一手拿畫筆，正在彩繪奇妙的雲朵！」

是呀！再看那波浪一般的雲層上，建築大師高第還在搭建他的尖塔！

左上角，艾雪先生舞動著他的魔幻畫筆，捕捉宇宙的無限大，看見了嗎？

嘿！盛田昭夫在雲層中找到了他最喜愛的 CD，正把它放入他的隨身聽……

閃亮的原子小金剛在手塚治虫大筆一揮下，從雲霄中破衝而出！

在雲端，樂高積木堆砌的太空梭，想飛上月球。

麥克沃特兄弟正在測量哪一朵雲飄速最快，能夠成為金氏世界紀錄。

……

有了，新的叢書就鎖定在「創意人物」這個主題上吧！

大家同聲附和：「對，創意實在太重要了！我們應該要用淺顯的文字、豐富的圖畫，來為小讀者們說創意人物的故事。」

現代生活中，每天我們都會聽見、看見和接觸到「創意」這兩個字。但是，「創意」到底是什麼？有人說，「創意」就是好點子。但好點子是如何形成的？又是在什麼樣的環境助長下，才能將好點子付諸實現，推動人類不斷向前邁進？

編輯團隊為此挑選了二十個有啟發性的故事，希望解答上述的問題，並鼓勵小讀者們能像書中人物一般對事物有好奇心，懂得問「為什麼」，常常想「假如說」，努力試「怎麼做」。讓想像力充分發揮，讓好點子源源不絕。老師、家長和社會大眾也可以藉此叢書，思索、探討在什麼樣的養成教育和生長環境裡，才能有效的導引兒童走向創意之路？

雲屬於大自然，它千變萬化，自古便帶給人們無窮想像；雲屬於艾雪、盛田昭夫、高第、畢卡索……這些有突出想法的人，雲能不斷激發他們的創意；雲也屬於作者、插畫家和編輯團隊，在合作的過程中，大家都曾經共享它的啟發。

現在，雲也屬於本書的讀者。在看完這本書以後，若有任何想法或好點子願意與大家分享，歡迎寄到編輯部的信箱 sanmin6f@sanmin.com.tw。讀者的鼓勵與建議，永遠是編輯團隊持續努力、成長的最大動力。

2015 年春寫於加州

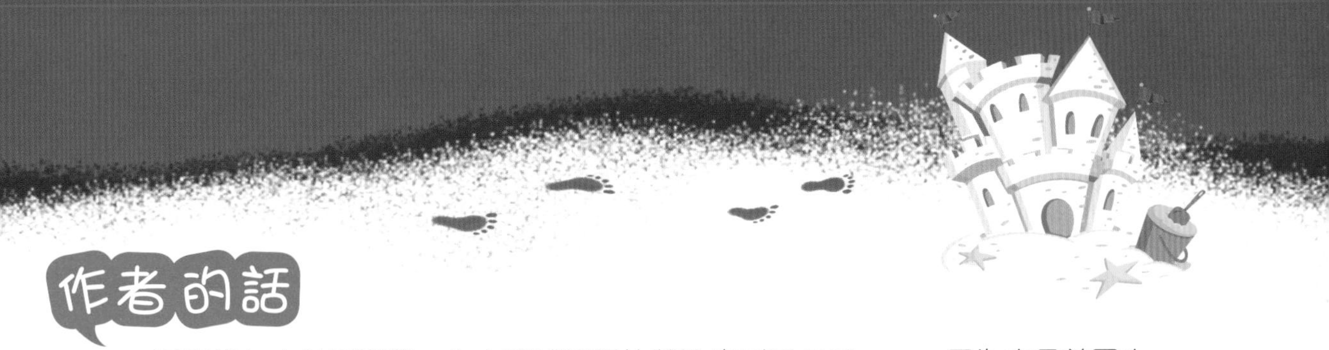

作者的話

回想當年來美國留學，在大學城裡很快就注意到了 7-Eleven，因為它是美國生活的特色之一。

從幾個看起來簡單的創意，湯普森家族成為連鎖便利商店的先鋒。他們原來的動機是要帶給人們方便，透過敏銳的觀察和嚴謹的執行，他們的服務變成很多人生活中的一個重要環節，甚至可以說創造了一種新的生活方式。它能夠在競爭激烈的商場歷久不衰，非常難能可貴。近年來，7-Eleven 在臺灣更加蓬勃，而且它特別重視年輕學生的消費需求。小讀者應該對這個企業不陌生，卻可能不熟悉它的歷史。

創意是難以捉摸的。很多人腦子裡電燈泡一亮，就想出一個點子。可是要成功，除了一分靈感之外，還需要九十九分的努力。年輕人想像力豐富，創意十足。但是要把創意成功的變成現實，需要努力克服各種挑戰。湯普森家族創辦 7-Eleven 的過程，是一個很好的實例。

湯普森家族非常重視傳統。一家三兄弟，年齡相差不小，可是三個人分別先後進了同一所大學，同樣學企業管理，參加學校裡的同一個兄弟會，而且都擔任大學足球隊的經理。

尊重傳統並不一定就等於守舊。傳統的借鑑，可以幫助人們了解真正的價值，什麼經得起時間考驗，而什麼又會隨時間改變。

湯普森家族相處特別融洽，也很願意聽取別人的意見。這種對別人尊重的態度，對開誠布公溝通的鼓勵，幫助公司營運順利，更增加了整個團隊的創造力。

從靜態方面分析，湯普森家族的這些特點，提供了事業成功的溫床。種下創意的幼苗，經過良好的管理，日漸茁壯、開花結果，種子再繁衍，代代相傳。從動態方面來看，深入了解顧客需求，保持機動，才能確保贏得市場，並隨著時代變遷，跟社會一起改良、進步。

回顧我自己受教育的過程，很晚才接觸到企業管理的知識。這本書把幾個基本的經營概念，盡量淺顯的介紹。希望小讀者能夠從中發現感興趣之處。

我們做父母的，都希望孩子獲得良好的教育。我為小讀者寫書的時候，時時刻刻留意，希望能做到一點傳道授業解惑的貢獻。我認為人物故事可以給孩子們「有為者亦若是」的啟發。在創意 MAKER 系列的宗旨下，一方面鼓勵他們不要輕易放棄自己的想像力；另一方面也提醒他們，不進則退，需要不停的努力，才能把創意成功的實現出來。

最後，我要再次謝謝主編和編輯團隊的鼎力相助。他們行動效率高，成果品質高。他們的敬業精神，令我非常欽佩。

家裡沒有電冰箱？

夏天到了。大成要找一個暑期打工的地方。

他注意到，附近那家他常去喝思樂冰的 7-Eleven，隨時有客人進出，總是很熱鬧。他想也許張店長需要幫手，就決定去試試看。好奇的妹妹小青很興奮的請哥哥帶她一起去。

一跨進店門，兄妹倆就看到兩個客人正在買剛出爐的熱狗和剛送到的御飯糰。他們付完錢，離開的時候，張店長跟他們打招呼：「大成小青，早啊！你們想買什麼東西？」

「張店長早！我今天是想來請問一下，我暑期能不能在這裡打工？」

店長很高興的回答：「可以呀！我們每年這個時候常常忙不過來……」話還沒說完，一個顧客匆忙的進來買車票。店長把票給了那位客人後，繼續說：「你來這裡幫忙，可以學到很多工作經驗呢！」

大成正要說話，又有人進來：「你們是不是可以代收電費呀？」

張店長回答那客人：「可以！」

客人走出門以後，大成跟張店長說：「7-Eleven 有這麼多服務，怪不得客人多。這裡給附近的居民，帶來好大的方便。這麼好的主意，是誰想出來的呢？」

「7-Eleven 起源於西元 1927 年的美國湯普森家族。」

小青瞪大了眼睛：「有那麼久的歷史？」

張店長笑著說：「我們現在叫做便利商店。當年的生活，相當不容易，根本沒法跟現在比呢！你們一定要努力想像，當時一般人生活中的各種麻煩，才能真正珍惜湯普森家族的創意，帶來今天的便利。」

大成覺得非常好奇：「那時候的生活到底是什麼樣呢？」

「那時候，電冰箱才剛發明，一般家庭根本買不起。」

小青：「啊？家裡沒有電冰箱？那怎麼保持食物的新鮮呢？」

「一般家庭在天氣熱的時候，需要到店鋪買冰塊，跟食物一起保存在密閉的櫃子裡。當時美國的『南方製冰公司』，就專做賣冰塊的生意。湯普森是那公司的股東之一。」

為什麼不也賣雞蛋、牛奶、麵包？

張店長向他們說明：「有一天，公司裡的一個員工格林，想出一個主意。他建議湯普森，除了冰塊以外，為什麼不也賣雞蛋、牛奶、麵包？當時湯普森他們所在的美國德州，一般家庭要買這些日常必需品，都要到很遠的市場。

湯普森想，如果他們能提供這些商品，一定會為附近住家帶來很大的便利。因此他大力支持，增加投資，開始擴張公司的業務。那時候，美國開汽車的人剛多了起來，湯普森看出新的機會，又開始在店面前蓋起了加油站。這不僅增加賣汽油的收入，顧客常常順便買些其他東西，就帶來更多的生意。」

大成說：「所以如果當時湯普森怕麻煩，就不會有今天的7-Eleven了？」

「一點也沒錯。湯普森看到顧客生活上的困難，把它當成挑戰，想辦法去克服。其他商店沒有這種服務，這正是最好的時機。市場競爭就像是參加馬拉松一般。比你先起步的，都在你前面。在一大堆人中，如果看到有空隙的地方，那就是一個機會。如果你覺得自己的體力足夠，一定要加緊腳步，往那空隙衝進去。趕快把握住機會，才有贏的可能。」

小青問：「那7-Eleven這個名字是怎麼來的呢？」

「那時候美國一般店面的營業時間都很短。時間一晚，就關門了；太早了也沒有店開門。湯普森又觀察到這一點，於是他把營業時間延長，從早上七點開門，一直到晚上十一點才休息。別的商人嫌麻煩，都不願意做，但這種挑戰，就是他的好機會。」

大成很興奮的說：「原來如此，所以他們的便利商店才叫7-Eleven！」

從 7-Eleven 到 "Always Open!"

張店長說：「對啦！你們想想，這個名字取得多好！不但清楚的讓每個人知道營業時間，而且英文數字裡，就只有 Seven 和 Eleven 這兩個字是押韻的。這個名字，念起來響亮，任何人聽了，絕對不會忘記。兩個數字，小孩子都看得懂，全世界都走得通。湯普森在行銷這方面，簡直是聰明極了。

後來，為了響應市場需要，營業時間就延長到全天二十四小時。因為 7-Eleven 這個名字好，就沒有改動。不過，為了強調營業時間特別長，他們又想出一個有名的宣傳口號『店還開著，真好！』本來英文的句子是“Oh thank heaven for 7-Eleven!”也就是『啊！感謝老天有 7-Eleven！』短短一句話用了三個押韻的英文字。」

大成叫好：「太有趣了！他們怎麼開始決定全天營業的呢？」

「全天營業源自他們在美國德州大學奧斯丁校區旁邊的一家分店。有一次，一場足球賽結束了，店裡擠滿了剛從球場出來的觀眾。每個人都興奮不已，店裡生意忙到欲罷不能，整個晚上，根本沒辦法關門。他們看那天的生意如此成功，就試著整個週末開門。觀察一段時間後，成功的業績讓他們決定，所有的分店每天都營業二十四小時。」

這時候有位顧客進來，領取他從網站上租的電影DVD。

大成在店

長忙完之後問：「營業時間比別人長了，成本是否也會比別人高呢？」

店長笑著說：「問得好！你已經開始有做生意的觀念了。沒有錯，營業時間延長，費用當然會增高，這又是一個難得的挑戰。別人也許會知難而退，湯普森卻認定是機會。在他看來，這是相對的，時間延長，生意量多了，收入也增加了。

另一方面，顧客有臨時急需的時候，隨時都可以到 7-Eleven 來，自然對這家店的忠誠度也提高了。再說，時間就是金錢，在應急的時候，顧客也不介意多付一點錢。可以說是皆大歡喜。」

連鎖企業的老前輩

這時候一位客人進來：「請問我剛才買的演唱會門票，是不是所有的 7-Eleven 都可以買到呀？」

「可以！不過我注意到，買的人很多。你跟朋友說，直接用 ibon 買就可以。動作要快喲！」

這提醒了店長，他轉過頭來，繼續跟大成說：「現在全臺灣有超過五千家 7-Eleven，是全世界 7-Eleven 人口平均分店密度最高的國家，平均四千九百人就享有一家 7-Eleven 呢！在 7-Eleven 發達之前，連鎖經營的觀念根本不流行。湯普森家族對於這種經營方式，有極大的貢獻。」

小青問張店長：「連鎖是什麼意思？」

「開始的時候只有一家 7-Eleven，在美國德州達拉斯城。因為生意很好，湯普森家族就在達拉斯城市裡的幾個地點，同時開創這種商店。當時一般做法是給每家店取不同名字，但湯普森家族又發揮創意，做了不同的決定。他們給各個商店取同樣的名字，員工穿著相同制服，並且受相同訓練。這就叫做連鎖企業。」

小青問：「為什麼他們要這樣呢？」

店長回答：「這讓顧客覺得只要是 7-Eleven，不管在哪都可以接受到同樣好品質的服務。這主意現在看起來很普通，但在當時可是一種創新呢！」

大成說：「原來7-Eleven是連鎖企業的老前輩呀？」

「沒錯。除了剛才說的能吸引顧客之外，連鎖經營還有很多利益。如果資本足夠的話，通常店越多，好處越大。因為市場占得越大，競爭者就越難超越。就好像團體賽跑，如果你的團隊在各個跑道都領先了，其他人就很難插到你前面去。」

小青問：「不讓別人插隊就容易成功嗎？」

店長笑著說：「店多了還有別的優勢。如果你的店越多，採購

的數量越大，你能爭取到的折扣就越多。同樣要做廣告，連鎖分店越多，每一家店的平均成本就越低。說得簡單一點，收入減去成本是利潤的主要來源。收入越多，成本越低，當然利潤就越高了。」

一分耕耘、一分收穫

「張店長，聽起來做生意要成功好像很容易嘛！」

「哈哈，大成，這道理雖然容易懂，可是做的時候，還是要努力呀！

就像種果樹一樣。需要先把土壤鬆動，準備妥當。播種之後要有規律的灑水施肥，除蟲去害。經過風調雨順的各個季節，才會開花、結果，才有收成的一天呀！

一個企業要成功，同樣需要經過周密的計劃，投入需要的資本，克服各種困難，應對經濟環境的變化，以高品質的服務，得到市場顧客的支持，才能夠成功呀！」

這時候有個運貨員來送貨。

店長清點完畢，簽了收據，再跟他們兄妹說：「7-Eleven 從單一店面，變成幾家連鎖分店之後，湯普森家族專心研究，在運作上有什麼地方可以更有效率。比如說送貨吧，他們會考慮供應商輸送到各家店的路線和時間。」

小青問：「這也需要擔心嗎？」

店長說：「比別人細心，就會有報酬的。經過詳細的規劃，他們以最快的時間，提供最新鮮的產品，讓顧客在最需要的時候，得到最高品質的服務。這些都是

EVEN

ELEVEN
ELEVEN

需要仔細觀察、思考和計劃，才會成功的。」

店長花了幾分鐘，在電腦上記錄下剛收到的貨品。

他跟他們倆解釋：「我現在的動作，是公司營運上很重要的一部分，叫做『庫存控制』。這可以牽涉到很有趣的數學問題，不過我現在只跟你們簡單的談一談。你們看看四周，這些排列整齊的商品，可以算是這個店裡的庫存。如果某一種商品太多了，地方占得太大，賣得慢了，商品還可能有損耗，這樣就提高了成本。

反過來說，如果庫存太少了，客人買不到想要的東西，不但收入少了，我們的信譽也會受損，讓客人覺得服務不佳。而且因而增加了訂貨和送貨的次數，也會提高成本。連鎖企業的各家分店，彼此共享資訊情報，互相支援，碰到這方面問題的時候，就比較能克服挑戰。」

「哇！張店長，這裡面的學問真大呀！」

選擇地點不容易

大成問：「湯普森家族還做了些什麼特別不同的事呢？」

「湯普森家族很重視 7-Eleven 的名聲。他們知道顧客的忠誠支持，是他們成功的主要因素。名聲一旦受損，要彌補回來需要加倍的努力。所以他們花很大的功夫去審核經營者的資格，一旦決定讓他們加盟之後，就嚴格訓練，來保證服務的品質。同時，他們非常慎重的選擇店面設置的地點。」

大成問張店長：「店面地點的選擇很重要嗎？」

「那當然！很顯然的，這種零售店必須在交通方便，接近住家的地方，生意才容易上門。而連鎖店要考慮更複雜的因素。你們想，同樣是 7-Eleven，如果兩家靠得太近，會不會互相影響到生意呢？」

店長在紙上畫了幾個圈圈來說明：「一個住在中間，本來就決定要去 7-Eleven 的客人，其實只需要一家店就夠了。要是同時有兩家店距離太近的話，可能得到的總收入就減少了。可是如果距離太遠，又怕競爭者會擠進來，就像是賽跑中的跑道被占走了，總收入也有可能減少。這就好像一個天平一樣，最佳選擇必須是兩

ELEVEN
ELEVEN
ELEVEN
LEVEN

個因素的平衡點。所以這種決定是不簡單的。」

大成睜大眼睛說：「哇！真的很複雜。」

店長說：「在店家開始營業以後，公司總部還繼續定時檢查、考核。各地區店長和總部定期開會，一方面討論顧客的反應，來了解市場的需求，一方面研究營運上的挑戰，解決碰到的問題，並且探索新的機會。這樣的定期溝通，交換情報，讓公司可以快速的成長。7-Eleven是連鎖經營的先驅，湯普森家族在這方面表現的各種創意，給美國以及世界各地後來的經營者，提供了最好的教材。」

湯普森一家是怎麼樣的人？

小青問店長：「湯普森這一家，到底是怎麼樣的人呢？」

「他們個性講究隱私，比較低調，所以大家知道的不多。創辦 7-Eleven 公司的老湯普森名叫喬，有三個兒子。老大叫強，比老二傑大六歲，老三是小喬，比老二小九歲。雖然年齡差距大，可是三個人先後都是美國德州大學奧斯丁校區企管系畢業的。都參加了同一個兄弟會，也都曾經擔任學校足球隊的經理。」

大成笑著說：「哈哈！好像是同一個模子刻出來的嘛！」

「是呀！從這一點看來，他們很重視家庭的傳統。不過，尊重傳統，並不一定要守舊。從傳統中，我們可以發現什麼經得起時間的考驗，什麼會隨著時間而變化。他們的創意可能正是從這裡萌芽的。

另外一個特點是，很多富有的家族容易起內訌，可是湯普森一家人相處的好極了。老大和老二大學一畢業就進 7-Eleven 公司工作。老三小喬也是公司董事，可是他早年有其他的事業，所以到後來才積極加入 7-Eleven 的經營。據公司高階層的主管說，湯普森家族特別能聽取彼此的意見，也很能虛心採納外人的建議。」

小青問：「聽別人

的意見很重要嗎？」

「當然啦！有智慧的人，聽別人的意見，卻不失去自己的觀點。互相尊重的氣氛下，最容易坦誠合作，每個人都能發揮最大潛力。腦力激盪的機會多，創意就可以源源不絕了。

同時，公司內部良好的溝通可以減少衝突，使營運順利，多聽外面的意見更是了解市場最好的方法。加上他們做事勤奮努力，處世積極，所以他們的成功，沒有人感到意外。老湯普森1961年去世，老大強繼承董事長的職位。他們三兄弟聯手把7-Eleven從當時的六百家分店擴展到目前全美國八千多家。」

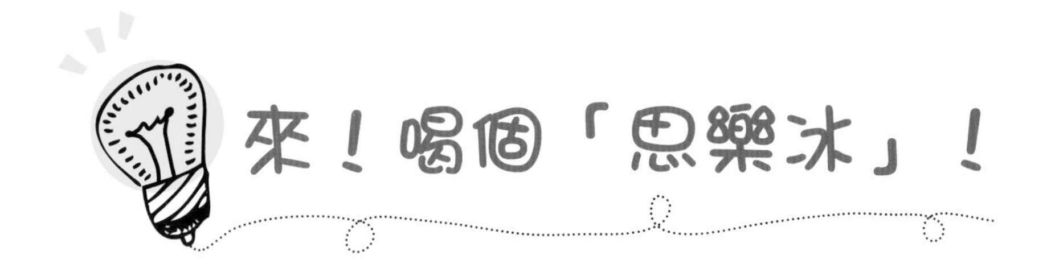

來！喝個「思樂冰」！

一位顧客進來買手機預付卡。店長招呼客人的時候，大成在旁邊看著，心裡默默記著要怎麼樣回答顧客的問題。店長看他很認真的態度，非常高興。

店長繼續跟他們說：「湯普森家族努力觀察市場，把各種顧客的需求，當作挑戰去克服。而且不停的創新，推出新產品之後，用高明的方法去行銷。你們可知道，美國7-Eleven推出的『思樂冰』，是在1967年開始銷售的嗎？」

大成瞪大了眼：「啊？我最愛

的『思樂冰』，已經快要五十歲了！」

店長說：「就是呀！世界上能這麼歷久不衰的產品不多呀！他們的『重量杯』也是三十多年前在美國開始出售的，現在還賣得很好。來！我請你們倆喝個『思樂冰』！」

大成和小青很高興，一邊道謝，一邊接著店長遞過來的「思樂冰」：「7-Eleven 是怎麼樣來到臺灣的呢？」

「湯普森家族隨時在動腦筋。7-Eleven 在美國成功之後，開始走向國際市場。1969 年開始，先進入加拿大，接著墨西哥，然後推廣到日本、臺灣，進一步到其他亞洲地區以及歐洲等世界各地。他們每到一個新國家，一定考慮當地的習慣和文化，把服務項目擴張或者調整，配合當地顧客的生活需求。所以在每個地方，都很受歡迎。目前，7-Eleven 分布在全世界十幾個國家，已經有五萬多家分店了呢！」

小青用吸管喝「思樂冰」發出很大的聲音，張店長笑著說：「妳知道為什麼這叫『思樂冰』？原來是湯普森家族把人們吸冰沙的聲音“Slurpee”當作這種飲料的名字。這樣做不論大人小孩，都不會忘記它。這又是他們

有創意的例子之一。」

小青哈哈大笑：「原來如此！真妙呀！」說完又特意大聲吸了幾口，看看是不是會發出像「思樂冰」的聲音。

張店長說：「除了世界有名的『思樂冰』，7-Eleven 在歷史上，創造了好多個第一呢！第一個二十四小時全天營業的商店、第一個販賣可以讓客人用紙杯裝的外帶咖啡、第一個讓客人用機器自助選擇各種不同牌子的汽水、第一個販賣預付費電話卡、第一個有 ATM 自動提款機，

及第一個在美國電視上做廣告的便利商店。這些都是他們先開始的。」

小青說：「這麼多第一，真了不起！」

店長說：「對呀！我們今天到處都可以享受到這些便利，好像是理所當然的。但你們想像幾十年前，湯普森家族無中生有的把這些點子，一樣一樣的實現，是多麼難得呀！」

他們談話的時候，一個客人

影印完一些文件，剛踏出門，一位常來的鄰居媽媽進來買了一盒洗衣粉。

張店長繼續說：「差不多從二十年前開始，7-Eleven 的美國總公司，在外界經濟環境的影響下，受到一些財務上的壓力。商業世界裡，有時候遭遇的外來力量，不是內部可以控制的。就好像果樹雖然長得高大，可是氣候不好，還是會影響收成。漸漸的，日本的 7-Eleven 公司投資增加，把美國總公司的大多數股權買了下來。這好像是賽跑的接力一樣。換了新的一棒，團隊的競爭力又回來了。」

大成問：「總公司換手了，公司的經營方式有沒有什麼改變呢？」

店長說：「那自然是難免的。可是重要的是，公司還是維持湯普森家族多年的基本精神，就是提供顧客生活上最便利的服務，不停的創新進步。因為主持者不再是美國，觀察出發點變得更國際化，各國的 7-Eleven 比從前更本土化了。公司和商店的結構，不一定照原來美國的形式，服務的項目卻更多元了。」

大成問：「這些國家的公司，形式跟美國有什麼不一樣呢？」

「湯普森家族做為連鎖經營的先鋒，有一個很重要的觀念，就是標準化。他們根據經驗，在開張一家新的連鎖店時，店面的形狀、大小、陳列方式，全都一樣。這樣做有幾個好處。第一，顧客在各個 7-Eleven 店裡感受的經驗都一樣，這加強了顧客對他們品牌的深刻印象，容易增加忠誠度。第二，在營運上因為陳列相同，各種最有效率的運行程序，都可以分享給所有連鎖店，大大降低了成本。可是，外形的標準化在臺灣就不容易做到。」

「為什麼呢？」

「當初湯普森家族在美國開始擴張，可以找到面積夠大的地方，甚至有足夠的停車場，適合多數習慣開車的美國顧客，很容易做到標準化。可是臺灣都市的人口密集，便利商店常常是在高樓大廈裡面的一層，甚至在地下室內。面積或者地形受到限制，在外貌上就不太容易標準化了。這情形在臺灣、日本或者很多人口密集的國家，都很普遍。」

一位客人進來寄國際包裹，店長收了運費，把包裹放進專用的櫃子裡。

大成問：「張店長，你剛才說的這個挑戰要怎樣去克服呢？」

「其實這並不是大問題。雖然各分店在面積上不一致，但是每家 7-Eleven 的營運還是標準化。在外形上，鮮明的商標顏色還是可以給顧客認同的感覺。以臺灣來說，7-Eleven 精心製作一些主題活動，加上 OPEN 小將當代言玩偶……」

小青急著插嘴：「我最喜歡 OPEN 小將！」

店長接著說：「經過電視、雜誌廣告、網路上的訊息，都讓消費者對 7-Eleven 的品牌形象，產生強烈的印象。顧客進入任何一家

7-Eleven，也大致知道，哪一種商品或者服務，可以在哪裡找到，所以還是相當標準化的。更重要的是，很多服務項目已經依照市場的需要而變得本土化了。」

大成問：「有哪些是本土化的服務呢？」

「就拿最基本的食物來舉例吧。熱狗大亨堡在美國是很暢銷的，可是御飯糰、關東煮卻在日本和臺灣才有。臺灣的 7-Eleven 仔細研究本地的市場需要，想出能夠滿足顧客口味的食物。除了茶葉蛋，還有現成的飲料、生鮮蔬果，或者冷凍食品。」

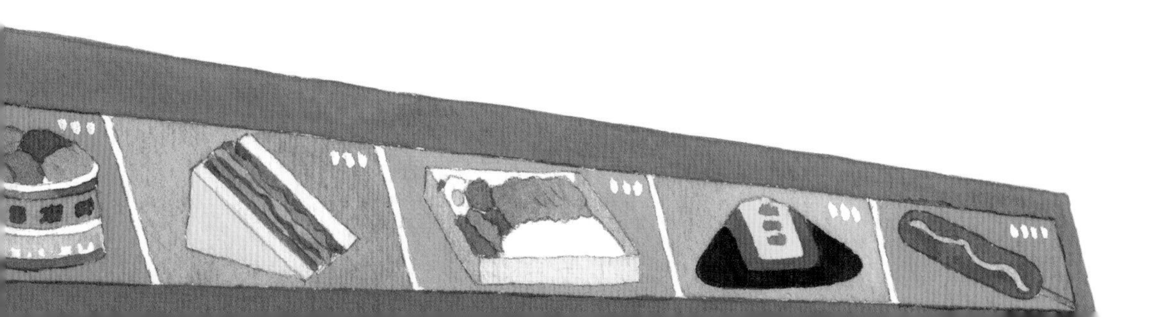

OPEN
CITY

關東

食衣住行育樂，全照顧到了

說到這裡，店長停頓了一下，笑著說：「大成，讓我考考你，你能說出我們店內提供的服務有哪些嗎？小青，妳別幫忙唷！」

大成抓了抓頭皮，看看左邊，看看右邊，開始扳著手指，一樣一樣的說：「顧客可以用 ibon 買車票、演唱會門票，買悠遊卡、手機預付卡、寄貨，也可以在線上購物，來店取貨，繳水電費、停車費、影印、傳真，還有兌換中獎發票獎金、資源回收、使用 ATM ……」

店長給他暗示，指指角落座位區兩位上網的客人。

大成說：「啊，還有無線網路！」

張店長很高興的拍拍手說：「哈哈哈！大成，真不錯！你差不多說全了。我們的服務項目應有盡有，可以說食衣住行育樂全都包辦了。我聽說美國大多數7-Eleven還沒有座位區呢。我們知道臺灣顧客有這些需要，所以真正落實本土化，讓顧客覺得走進7-Eleven，什麼都可以一網打盡。」

小青說：「怪不得臺灣的7-Eleven這麼受歡迎！」

張店長說：「湯普森家族留下來那種迎接挑戰、不斷創新的精神，已經成為7-Eleven根深蒂固的文化。我們隨時預期顧客的需求，一方面努力灌溉、施肥，讓企業健康的成長，開花結果。一

方面在便利商店市場的跑道上，用充沛的體力和穩健的步調，跟同業競爭者做持久的耐力賽。我想這樣社區裡的顧客才是真正的大贏家呢！」

大成好高興：「張店長，真謝謝您，我今天學到了好多唷！」小青在一旁也高興的頻頻點頭。

張店長微笑著，拍拍他的肩膀：「大成，你的領悟力很強，很有前途。我很歡迎你來打工，下個星期一早上就開始來上班吧！小青，也歡迎妳常來玩。」

「謝謝張店長，我一定會好好努力的！」兄妹倆告別了店長。回家的路上，大成想到下星期一，就興奮得迫不及待了。

ELEVEN
8%!

佑家具
OPEN!
ATM

7-Eleven 創辦宗族 小檔案

THOMPSON FAMILY

1927
美國南方製冰公司開始賣雞蛋、牛奶、麵包

1928
南方製冰公司開始賣汽油以及其他日用品

1946
店名改為 7-Eleven 以反映營業時間（上午七點到晚上十一點）

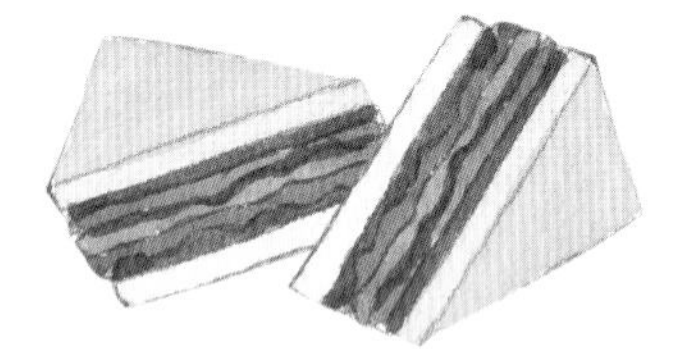

1951
7-Eleven 開始在美國德州其他城市開業，逐漸擴展到其他州，以至於全美國

1961
老湯普森去世

1963
・7-Eleven 在美國增加到一千家店
・週末營業二十四小時

1967
正式推出思樂冰

1969
7-Eleven 在加拿大開店，開始往國際發展

1978
臺灣第一家 7-Eleven
統一超商公司成立

1974
7-Eleven 在美國增加到五千家店，並且擴展至日本

寫書的人

唐念祖

從臺灣大學土木工程系畢業，服完兩年兵役就到美國留學。先後在加州大學戴維斯和柏克萊校區，取得結構工程和企業管理碩士。在舊金山南邊的矽谷從事電腦資訊方面的工作多年，最近剛退休。他有兩個孝順的好兒女，已經完成學業，有了理想的工作。興趣廣泛的他，開始追求多方面的學習、創作與欣賞，把握精彩的人生第二階段。

畫畫的人

從小就喜歡畫圖，曾經是東立出版社的漫畫家，現在是插畫工作者。喜歡音樂、電影、旅行、接近大自然。擁有一間玩具雜貨舖子很滿足。畫畫是永無止境的學習過程，以後也會繼續畫下去……。為三民繪有《卡內基》、《約翰・甘迺迪》、《曼德拉》、《時空列車長 —— 解釋宇宙的天才愛因斯坦》、《伊甸園裡的醫生——人道主義的模範生許懷哲》等書。

1991
7-Eleven 由日本財團接管

2014
臺灣 7-Eleven 增加到五千家店

1983
臺灣 7-Eleven 開始二十四小時全天營業

適讀對象：
國小低年級以上

創意驚奇雲

飛越地平線，
在雲的另一端，

撥開朵朵白雲，你會看見一道亮光……

是 **創意 MAKER** 的燈泡亮了！

跟著它們一起，向著光飛翔，由它們指引你未來的方向：

（請依直覺選擇最具創意的顏色）

選　　的你

請跟著畢卡索、艾雪、安迪·沃荷、手塚治虫、鄧肯、凱迪克、布列松、達利，在各種藝術領域上大展創意。

選　　的你

請跟著盛田昭夫、7-Eleven創辦家族、大衛·奧格威、密爾頓·赫爾希，想像引領創新企業的挑戰。

選　　的你

請跟著高第、樂高父子、喬治·伊士曼、史蒂文生、李維·史特勞斯，體驗創意新設計的樂趣。

選　　的你

請跟著麥克沃特兄弟、格林兄弟、法布爾，將創思奇想記錄下來，寫出你創意滿滿的故事。

本系列特色：

1. 精選東西方人物，一網打盡全球創意 MAKER。
2. 國內外得獎作者、繪者大集合，聯手打造創意故事。
3. 驚奇的情節，精美的插圖，加上高質感印刷，保證物超所值！

還有！還有！

內附注音，小朋友也能「自・己・讀」！
創意 MAKER 是小朋友的必備創意讀物，
培養孩子創意的最佳選擇！